귀엽고 사랑스러운 코바늘뜨기

애착 인형 & 쿠션 손뜨개

애플민트 지음 | 김은주 옮김

이아소

contents

lovely doll & cushion

펭귄 p.20, p.21

새 p.22, p.23

고래 p.24, p.25

과일 p.26, p.27

도넛 p.28, p.29

선인장 p.30   **집** p.31

[배색실 바꾸는 방법]

배색 무늬 넣기

배색실을 넣는다

첫코를 뜰 때 배색실을 함께 주워서 감싸면서 바탕실로 짧은뜨기를 한다.

뜨개실을 배색실로 바꾼다

1을 참고해 배색실을 감싸 뜨면서 바탕실(감색)로 짧은뜨기 2코와 미완성 짧은뜨기(p.61 참조) 1코를 뜨고, 배색실(노란색)을 바늘 끝에 걸어서 빼낸다.

뜨개실이 배색실로 바뀐 모습.

3의 화살표를 참고해서 바탕실도 함께 주워 바탕실을 감싸면서 배색실로 짧은뜨기 1코를 뜬다.

뜨개실을 바탕실로 바꾼다

계속해서 짧은뜨기 1코와 미완성 짧은뜨기 1코를 뜬다. 바탕실을 바늘에 걸어서 빼낸다.

뜨개실이 바탕실로 바뀐 모습.

왕복뜨기

※다음 단에서 배색실로 바꿀 때

바탕실(감색)로 떠나가다가 배색실로 바꾸는 아랫단의 끝은 미완성 짧은뜨기를 한다(p.61 참조). 바늘 끝에 배색실(노란색)을 걸어서 빼낸다.

뜨개실이 배색실로 바뀐 모습.

원형뜨기

※다음 단에서 배색실로 바꿀 때

다음 단의 기둥코로 사슬 1코를 뜬다.

바탕실로 떠나가다가 첫코 빼뜨기를 할 때 바늘에 바탕실(감색)을 걸고 바늘 끝에 다음 단의 뜨개실(노란색)을 걸어준다.

바늘 끝에 걸린 배색실을 빼서 뜨개실을 배색실로 바꾼다.

다음 단의 기둥코로 사슬 1코를 뜬다.

[파트 연결 방법]

4

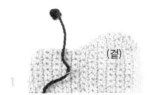

(겉)

파트의 실 끝을 바늘에 꿰어, 달아줄 위치에 바늘을 통과시킨다.

파트 편물로 바늘을 빼낸다.

파트와 본체의 편물을 함께 주워서 고정한다.

2·3 과정을 반복하며 고정한다. 눈을 붙인 모습.

[마무리 방법]

전체 코 잇기

편물을 겉과 겉이 밖으로 오도록 포개 끝코에 돗바늘을 통과시킨다.

같은 코에 한 번 더 바늘을 통과시킨다.

다음 코부터는 한 번씩 바늘을 통과시킨다.

여러 코를 연결한 모습.

끝코 잇기　　실 끝 정리　　안쪽 반 코를 이을 경우

마지막 코는 시작코와 동일하게 2번 통과시킨다.

편물을 뒤집어서 2~3cm 꿰맨 코에 바늘을 통과시킨 후 실 끝을 자른다.

편물을 겉이 밖으로 오게 맞대고 끝코의 안쪽 반 코에 돗바늘을 통과시킨다.

'전체 코 잇기'를 참고해서 안쪽 반 코에 바늘을 통과시켜서 꿰맨다. 사진은 여러 코 이은 모습.

단 잇기

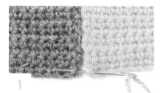

편물을 나란히 두고 끝코의 다리를 갈라서 바늘을 통과시킨다.

같은 코에 한 번 더 바늘을 통과시킨다.

다음 단부터는 한 번씩 바늘을 통과시켜 꿰맨다.

여러 단 이은 모습.

[빼뜨기로 덧뜨기하는 방법]

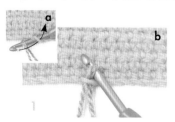
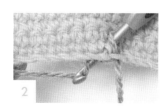
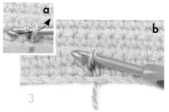
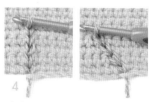

덧댈 위치에 바늘을 넣어 바늘 끝에 실을 걸고(a), 빼낸다(b).

다음 빼뜨기 위치에 바늘을 넣어서 바늘 끝에 실을 건다.

걸린 실을 편물 겉으로 당겨서(a), 바늘 끝의 코를 빼낸다(b).

여러 코 빼뜨기한 모습.

[강아지 다리 뜨기 시작 방법]

머리를 12단 뜨고 나서 바늘에서 코를 뺀다. 코를 넓혀서 오른손을 넣고 실타래를 통과시킨다.	뜨개실을 당겨서 코를 조인다.	도안에서 실을 연결하는 위치의 코에 바늘을 넣고, 바늘 끝에 뜨개실을 걸어서(**a**) 빼낸다(**b**).	계속해서 사슬 24코를 뜬 모습.

[토끼 방울 꼬리 만드는 방법]

4.5cm 너비의 두꺼운 종이(방울 지름 4+0.5cm)를 준비해 중심에 가위집을 깊이 넣는다. 실을 45번 감는다.	가위집에 다른 실을 통과시켜 힘껏 당겨 묶는다.	한 번 더 묶은 상태에서 왼손의 실 끝을 화살표 방향으로 더 감는다.	실 끝을 당겨서 조인다.

완성 사진

[선인장 꽃 뜨는 방법]

실 다발의 접힌 위아래를 가위로 자른다.	실 끝을 맞춰서 자르고 모양을 정리한다.	1단은 짧은뜨기로 뜨고, 첫코에 빼뜨기할 때 2단의 뜨개실(감색)을 바늘 끝에 건다.	바늘 끝의 실을 빼내 뜨개실을 감색으로 바꾼다.

사슬 9코를 뜬다.	1단의 앞쪽 반 코에 빼뜨기한다. 꽃잎 1장을 뜬 모습.	두 번째 꽃잎도 「1단의 앞쪽 반 코에 빼뜨기 1코, 사슬 9코, 같은 코에 빼뜨기 1코」로 만든다.	5의 「」의 내용을 반복해서 꽃잎을 8장 뜬다. 2단을 뜬 모습.

[선인장 모양뜨기 방법]

3단은 1단에서 남겨둔 바깥쪽 반 코에 걸어서 빼뜨기 1코, 사슬 9코를 뜬다.

같은 코에 빼뜨기 1코를 뜬다. 꽃잎 1장을 뜬 모습.

7·8을 반복해서 꽃잎을 8장 뜬다. 꽃을 완성한 모습.

6단의 모양뜨기 위치까지 바탕실로 뜬다. '배색실 바꾸는 방법'에서 배색 무늬 넣기(p.4)를 참조해서 뜨개실을 배색실로 바꿔 짧은뜨기 1코, 사슬 2코를 뜬다.

1의 화살표를 참고해서 짧은뜨기의 머리 반 코와 다리 1개에 바늘을 넣어 배색실을 바늘에 걸고 바늘 끝에 바탕실을 건다.

바늘 끝의 바탕실을 빼내 뜨개실을 바탕실로 바꾼다.

아랫단의 코와 배색실을 함께 주워서 바늘을 통과시킨다(화살표 참조). 바늘 끝에 바탕실을 건다.

배색실을 감싸면서 바탕실로 짧은뜨기를 한다. 모양뜨기를 계속 반복한다.

7단 뜨는 방법

아랫단의 모양뜨기 위치까지 떠나가고. 배색의 짧은뜨기에 바탕실로 짧은뜨기 1코를 뜬다.

사슬 2코 피코를 떠 앞쪽으로 오게 하고, 6의 화살표 위치에 바탕실로 짧은뜨기를 한다.

[양 모양뜨기 방법]

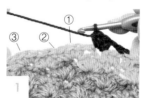

37단의 코 줄임 위치까지 뜬다.

①의 코에 바늘을 넣어서 바늘 끝에 실을 건다.

바늘 끝의 실을 빼낸다. ②의 코에서도 빼낸 모습.

③의 코에서도 같은 방법으로 고리를 빼낸 후 바늘 끝에 실을 건다.

4의 바늘 끝에 걸린 실을 빼낸 상태.

다음 모양뜨기(긴뜨기 3코)를 한다.

7

강아지

how to···p.34
design & making··· 오카 마리코

믹스 실로 떠서 더 귀여운 강아
지. 목에 리본 장식을 달아줘도
잘 어울려요.

1

2

3

4

곰

how to···p.36

design & making··· 오마치 마키

오동통한 몸매가 사랑스러운 곰
2마리. 선물용으로도 좋아요.

토끼

how to···p.38

design & making··· 오카 마리코

매력 포인트는 길쭉한 귀.
방울로 만든 꼬리도 빼놓을 수
없죠.

고양이

how to···p.40
design & making··· 고마쓰자키 노부코

고양이는 실과 바늘 두께를 달
리해서 어미와 새끼 한 쌍으로!
푸른 눈이 인상적인 매력 만점
의 얼굴입니다.

양

how to···p.42
design & making···이케가미 마이

9

16

복슬복슬한 양의 느낌을 모양
뜨기로 표현. 그레이와 담갈색
을 나란히 매치하니 한결 귀여
워졌어요.

10

고슴도치

how to … p.44
design & making … 오마치 마키

11

12

다른 색상을 겹쳐 떠서 편물의
질감이 생생해요. 순둥순둥한
얼굴로 매력 어필.

펭귄

how to···p.46
20 design & making···이케가미 마이

폭신폭신 포동포동한 몸매의
아기 펭귄. 눈에 띌 때마다 꼭
안아주고 싶어지는 세상 제일
의 '귀요미'.

13

14

15

16

새

how to…p.49

design & making… 고마쓰자키 노부코

장식용으로도 귀여운 심플한
디자인의 새 2마리. 모양뜨기
로 화려한 날개를 달아주었습
니다.

고래

how to…p.50
design & making… 가와이 마유미

17

산뜻한 딥 플루와 배의 줄무늬
가 매력인 고래. 명실공히 바닷
속 제일의 스타는 집 안에서도
최고 인기랍니다.

과일

how to…p.52
design & making… 가와지 유미코

20

주변을 화사하게, 기분까지 밝게 만들어주는 과일 쿠션. 인테리어에 상큼한 포인트 역할을 합니다.

도넛

how to…p.54
design & making… 세리자와 게이코

21

22

23

깜찍하고 발랄하게 도넛을 만
들어봐요. 사이즈나 토핑을 달
리해서 얼마든지 다양하게 꾸
밀 수 있어요.

인기 만점의 선인장 쿠션은 장
식으로도 깜찍. 나란히 놓으면
더 귀여우니 꼭 세트로 만들어
보세요.

25

24

선인장

how to···p.56

design & making··· 가와이 마유미

2가지 색으로 연출한 심플하고
세련된 디자인입니다. 각자 좋
아하는 색으로 조합해서 아기
자기하게 만들어봐요.

26

27

28

material guide 책에서 사용한 실 소개

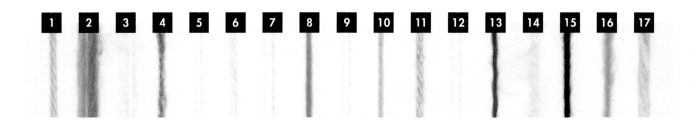

파피

1 모나르카
알파카 70%·울 30%,
타래당 50g, 89m, 10색,
모사용 코바늘 8/0~10/0호

2 모리스
울 100%,
타래당 50g, 65m, 6색,
모사용 코바늘 8/0~10/0호

3 유리카 모헤어
모헤어 86%·울 8%·나일론
6%, 타래당 40g, 102m, 12색,
모사용 코바늘 9/0~10/0호

4 소프트 도니골
울 100%,
타래당 40g, 75m, 7색,
모사용 코바늘 8/0~9/0호

하마나카

5 퀸 애니
울 100%,
타래당 50g, 97m, 55색,
모사용 코바늘 6/0~8/0호

6 브리티시 에로이카
울 100%,
타래당 50g, 83m, 35색,
모사용 코바늘 8/0~10/0호

7 아메리L 《극태》
울 70%(뉴질랜드 메리노)
·아크릴 30%, 타래당 40g,
약 50m, 13색,
모사용 코바늘 10/0호

8 아메리
울 70%(뉴질랜드 메리노)
·아크릴 30%, 타래당 40g,
약 110m, 53색,
모사용 코바늘 5/0~6/0호

9 엑시드 울L 《병태》
울 100%(엑스트라 파인 메리노),
타래당 40g, 약 80m, 39색,
모사용 코바늘 5/0호

10 엑시드 울FL 《합태》
울 100%(엑스트라 파인 메리노),
타래당 40g, 약 120m, 39색,
모사용 코바늘 4/0호

11 소노모노 알파카 울
울 60%·알파카 40%,
타래당 40g, 약 60m, 9색,
모사용 코바늘 8/0호

12 멘즈 클럽 마스터
울 60%(방축 가공 울)·아크릴
40%, 타래당 50g, 약 75m,
28색, 모사용 코바늘(책에서
사용한 호수) 10/0호

DARUMA

13 천연 양모에 가까운 메리노 울
울(메리노) 100%,
타래당 30g, 91m, 20색,
모사용 코바늘 7/0~7.5/0호

14 울 모헤어
모헤어 56%·울(메리노) 44%,
타래당 20g, 46m, 11색,
모사용 코바늘 9/0~10/0호

15 메리노 스타일 극태
울(메리노) 100%,
타래당 40g, 65m, 12색,
모사용 코바늘 8/0~9/0호

16 손으로 뽑은 듯한 탐사(Soft Tam)
아크릴 54%·나일론 31%·울
15%, 타래당 30g, 58m, 15색,
모사용 코바늘 8/0~9/0호

17 울 로빙
울 100%,
타래당 50g, 75m, 7색,
모사용 코바늘 10/0호~7mm

• 1~17 모두 순서대로 성분→중량→길이→색 수→사용 권장 바늘이다.
• 인쇄물인 관계로 색이 다소 달리 보일 수 있음.

※p.56에서 계속

24 본체 2장

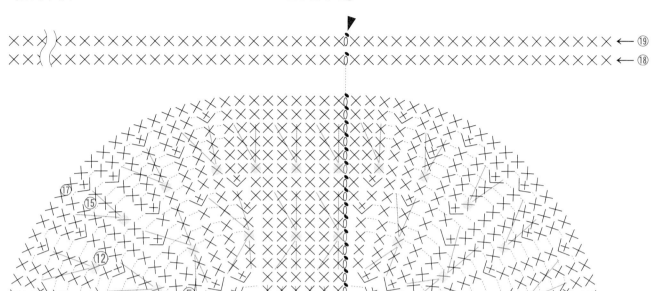

← ⑲
← ⑱

스트레이트 스티치

뜨개 시작
사슬(6코) 시작코

24 본체·A·B의 배색표

	색
──	그린
──	스프링 그린

✕ = ✕ (사슬 2코 빼뜨기 피코)

━ =꽃 다는 위치

○ =시작코에 3번 감기 프렌치 노트 스티치

╲ =피코뜨기 코의 위아래 또는 위에
스트레이트 스티치를 수놓는다

※스트레이트 스티치·프렌치 노트 스티치
수놓는 법은 p.63 참조

24 본체 콧수표

단수	콧수	증가코
17~19	110	
16	110	+16
15	94	+8
14	86	+8
13	78	
12	78	+4
11	74	+12
10	62	+8
9	54	+8
8	46	
7	46	+4
6	42	+4
5	38	+4
4	34	+8
3	26	+8
1·2	18	

1·2

photo···p.8,9   point lesson···p.6

[준비할 것]

1: 파피 소프트 도니골／갈색 계열 믹스(5218)···100g, 브리티시 에로이카／갈색(208)···11g, 흰색(125)·진녹색(205)···각 조금씩, 솜···적당량

2: 파피 소프트 도니골／연파랑 계열(5204)···100g, 브리티시 에로이카／진녹색(205)···13g, 흰색(125)···조금, 솜···적당량

바늘 모사용 코바늘 8/0호

눈 2장
진녹색(공통)

코

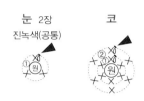

배색표

	머리·몸통	귀·코·꼬리
1	갈색 계열 믹스	갈색
2	연파랑 계열	진녹색

귀 2장

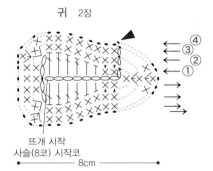

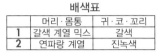

④
③
②
①

뜨개 시작
사슬(8코) 시작코

← 8cm →

꼬리

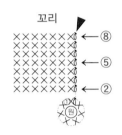

← ⑧
← ⑤
← ②
원

눈 마무리 방법
눈을 머리 지정 위치에 달아주고, 흰색 실로 눈 주위를 플라이 스티치 요령으로 수놓는다

흰색

꼬리 마무리 방법

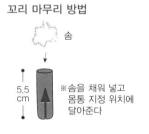

솜

5.5 cm

※솜을 채워 넣고 몸통 지정 위치에 달아준다

코는 솜을 소량 채워서 달아준다

마무리 방법
각 파트를 머리·몸통에 달아주고, 솜을 채워 넣어 ☆ 표시 부분을 감침질로 이어준다

꼬리

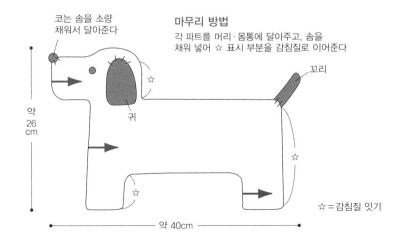

약 26 cm

귀

← 약 40cm →

☆ = 감침질 잇기

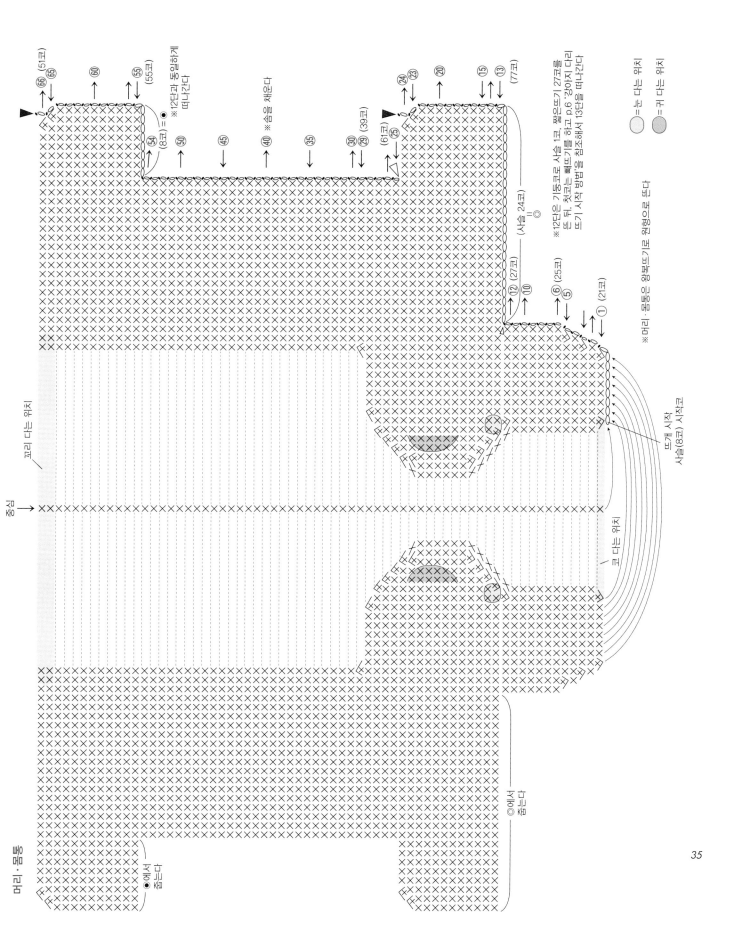

3 · 4 photo···p.10,11

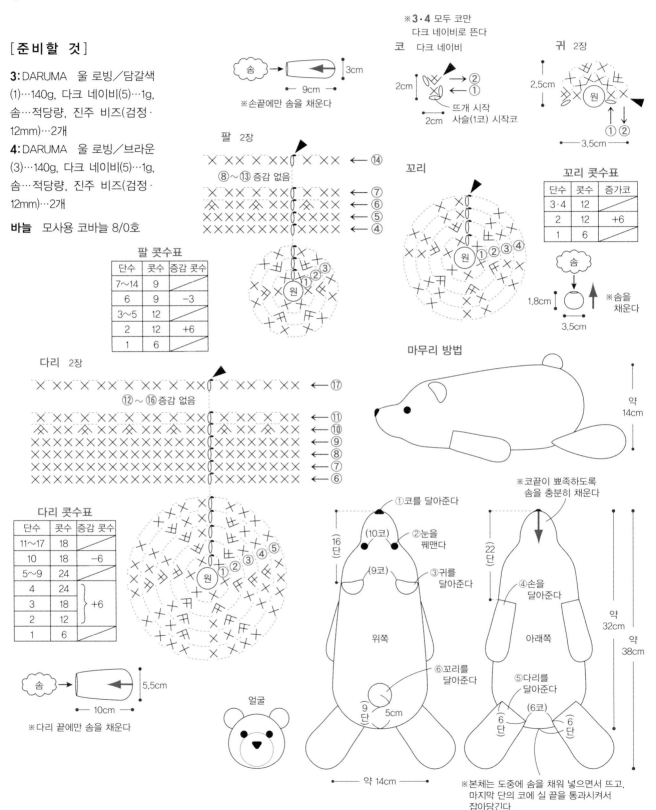

[준비할 것]

3: DARUMA 울 로빙／담갈색
(1)···140g, 다크 네이비(5)···1g,
솜···적당량, 진주 비즈(검정·
12mm)···2개

4: DARUMA 울 로빙／브라운
(3)···140g, 다크 네이비(5)···1g,
솜···적당량, 진주 비즈(검정·
12mm)···2개

바늘 모사용 코바늘 8/0호

팔 콧수표

단수	콧수	증감 콧수
7〜14	9	
6	9	−3
3〜5	12	
2	12	+6
1	6	

다리 콧수표

단수	콧수	증감 콧수
11〜17	18	
10	18	−6
5〜9	24	
4	24	}+6
3	18	
2	12	
1	6	

솜 → 9cm · 3cm
※손끝에만 솜을 채운다

팔 2장
⑧〜⑬ 증감 없음 ← ⑭
← ⑦
← ⑥
← ⑤
← ④

다리 2장
⑫〜⑯ 증감 없음 ← ⑰
← ⑪
← ⑩
← ⑨
← ⑧
← ⑦
← ⑥

솜 → 10cm · 5.5cm
※다리 끝에만 솜을 채운다

※3·4 모두 코만
다크 네이비로 뜬다

코 다크 네이비
2cm
2cm
뜨개 시작
사슬(1코) 시작코

귀 2장
2.5cm
원
① ②
3.5cm

꼬리
원 ① ② ③ ④

꼬리 콧수표

단수	콧수	증가코
3·4	12	
2	12	+6
1	6	

솜
1.8cm
3.5cm
※솜을 채운다

마무리 방법

약 14cm

①코를 달아준다
(10코)
②눈을 꿰맨다
(9코)
③귀를 달아준다

16단

위쪽
⑥꼬리를 달아준다
9단 5cm

얼굴

약 14cm

※코끝이 뾰족하도록
솜을 충분히 채운다

22단
④손을 달아준다
아래쪽
⑤다리를 달아준다
(6코)
(6단) (6단)

약 32cm
약 38cm

※본체는 도중에 솜을 채워 넣으면서 뜨고,
마지막 단의 코에 실 끝을 통과시켜서
잡아당긴다

본체

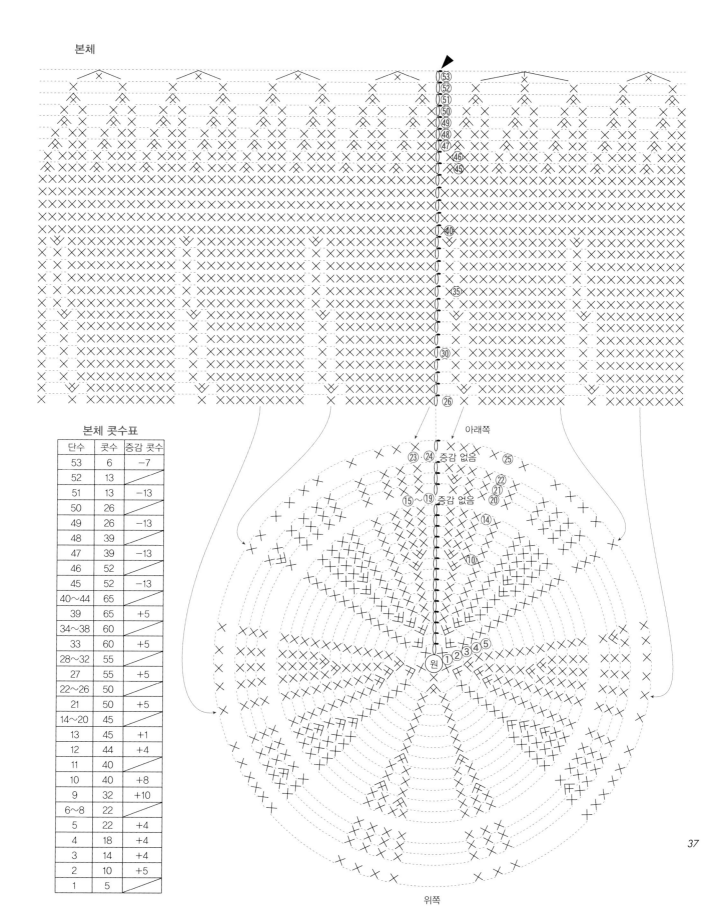

본체 콧수표

단수	콧수	증감 콧수
53	6	−7
52	13	
51	13	−13
50	26	
49	26	−13
48	39	
47	39	−13
46	52	
45	52	−13
40~44	65	
39	65	+5
34~38	60	
33	60	+5
28~32	55	
27	55	+5
22~26	50	
21	50	+5
14~20	45	
13	45	+1
12	44	+4
11	40	
10	40	+8
9	32	+10
6~8	22	
5	22	+4
4	18	+4
3	14	+4
2	10	+5
1	5	

아래쪽

증감 없음

증감 없음

위쪽

※로빙 실은 당기면 잘 끊어지므로
시작 원형코, 실 마무리, 파트와 연결할 때
등에는 먼저 실을 잘 꼬아준 뒤에 한다

[준비할 것]

5: DARUMA 울 로빙／브라운
(3)…100g, 베이지(2)…20g, 울
모헤어／담갈색(1)…2g, 메리노
스타일 극태／블랙(310)…1g, 솜
…적당량

6: DARUMA 울 로빙／라이트
그레이(6)…100g, 담갈색(1)…
20g, 울 모헤어／베이비 핑크
(9)…2g, 메리노 스타일 극태／
블랙(310)…1g, 솜…적당량

바늘 모사용 코바늘 7/0호
·10/0호

실과 색

	5	6
	울 로빙	
a색	베이지	담갈색
b색	브라운	라이트 그레이
	울 모헤어	
c색	담갈색	베이비 핑크

앞다리
b색 2장 10/0호

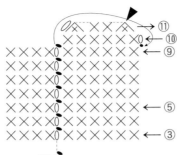

※9단을 뜨고 나서 화살표 위치로
실을 옮겨서 10·11단을 뜬다

귀 안쪽 c색·b색 각 색 2장 10/0호
귀 가장자리뜨기 b색 10/0호

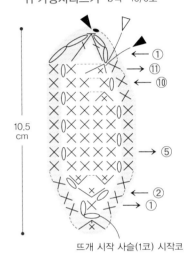

10.5
cm

뜨개 시작 사슬(1코) 시작코

귀 안쪽
c색은 11단까지 다 뜨면 실을 자른다.
b색은 실을 자르지 않고 남겨두고
그 실로 가장자리뜨기를 한다

귀 가장자리뜨기
b색의 귀 위에 c색의 귀를 겹친 뒤
남겨둔 b색의 실로 뜬다

코
검정 7/0호

※편물을 뒤집어서 사용한다

눈
검정 2장 7/0호

※편물을 뒤집어서 사용한다

뒷다리
b색 2장 10/0호

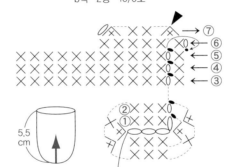

5.5
cm

뜨개 시작 사슬(3코) 시작코

※5단을 뜨고 나서 화살표 위치로
실을 옮겨서 6·7단을 뜬다

마무리 방법

귀

(귀 뒤쪽)

귀는 뜨개 시작
단에 달아준다

(머리)

따로 움직이지 않도록
꿰매서 고정한다

꼬리·뒷다리

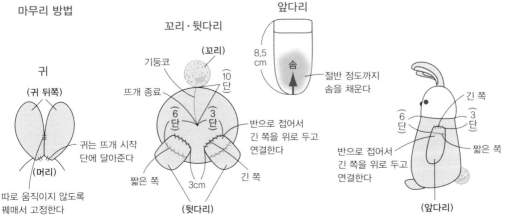

기둥코
(꼬리)
뜨개 종료
10단
6단
3단
반으로 접어서
긴 쪽을 위로 두고
연결한다
짧은 쪽
3cm
긴 쪽
(뒷다리)

앞다리

8.5
cm

솜

절반 정도까지
솜을 채운다

반으로 접어서
긴 쪽을 위로 두고
연결한다

6단
3단
긴 쪽
짧은 쪽
(앞다리)

※눈과 코를 달아주고
입은 검정 실로
플라이 스티치

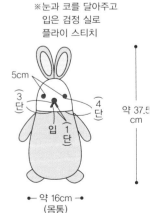

5cm
3단
4단
입 1단
약 37.5
cm

← 약 16cm →
(몸통)

몸통
b색 10/0호

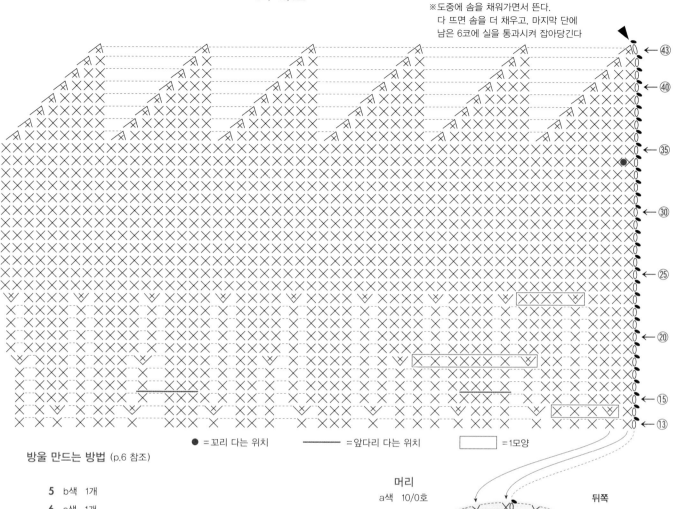

※도중에 솜을 채워가면서 뜬다.
다 뜨면 솜을 더 채우고, 마지막 단에
남은 6코에 실을 통과시켜 잡아당긴다

→ ㊸
→ ㊵
→ ㉟
→ ㉚
→ ㉕
→ ⑳
→ ⑮
→ ⑬

● =꼬리 다는 위치   ── =앞다리 다는 위치   ▭ =1모양

방울 만드는 방법 (p.6 참조)

5 b색 1개
6 a색 1개

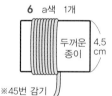

두꺼운
종이 4.5 cm

※45번 감기

중심을 꽉 묶는다.
로빙 실은 끊어지기
쉬우므로 다른 털실이나
바느질실로 묶는다

자른다

4 cm 둥글게 자르면서
모양을 가다듬는다

콧수표

	단수	콧수	증감 콧수
몸통	43	6	−6
	42	12	−6
	41	18	−6
	40	24	−6
	39	30	−6
	38	36	−6
	37	42	−6
	36	48	−6
	24~35	54	
	23	54	+9
	19~22	45	
	18	45	+5
	15~17	40	
	14	40	+8
	13	32	
머리	8~12	32	
	7	32	+8
	5·6	24	
	4	24	+6
	3	18	+6
	2	12	+6
	1	6	

머리
a색 10/0호

뒤쪽

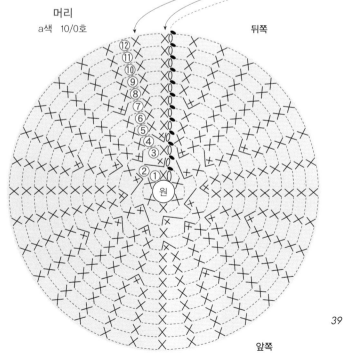

앞쪽

39

7·8

photo···p.14,15

[준비할 것]

7: 하마나카 멘즈 클럽 마스터
／검정(13)…145g, 흰색(1)…5g,
엑시드 울FL《합태》／민트(242)
·흰색(201)…각 1g, 엑시드 울L
《병태》／검정(330)…조금, 솜…
적당량

8: 하마나카 엑시드 울L《병태》
／검정(330)…78g, 흰색(301)…
2g, 엑시드 울FL《합태》／민트
(242)·흰색(201)…각 1g, 솜…적
당량

바늘
7: 모사용 코바늘 4/0호·10/0호
8: 모사용 코바늘 4/0호·7/0호

팔 2장
7 멘즈 클럽 마스터 10/0호
8 엑시드 울L《병태》 7/0호

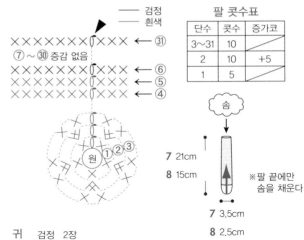

ーー 검정
ーー 흰색

⑦ ~ ㉚ 증감 없음

팔 콧수표

단수	콧수	증가코
3~31	10	
2	10	+5
1	5	

솜

7 21cm
8 15cm

※팔 끝에만
솜을 채운다

7 3.5cm
8 2.5cm

귀 검정 2장
7 멘즈 클럽 마스터 10/0호
8 엑시드 울L《병태》 7/0호

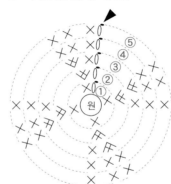

귀 콧수표

단수	콧수	증가코
4·5	12	
3	12	+4
2	8	
1	4	

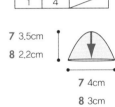

7 3.5cm
8 2.2cm

7 4cm
8 3cm

눈 엑시드 울FL《합태》 민트 2장
4/0호

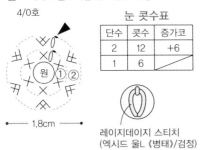

눈 콧수표

단수	콧수	증가코
2	12	+6
1	6	

레이지데이지 스티치
(엑시드 울L《병태》/검정)

— 1.8cm —

코 엑시드 울FL《합태》 흰색
4/0호

— 1.2cm —

마무리 방법

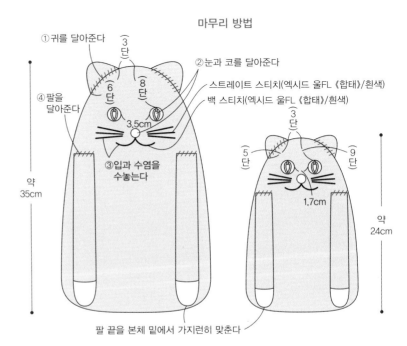

①귀를 달아준다

②눈과 코를 달아준다

스트레이트 스티치(엑시드 울FL《합태》/흰색)

백 스티치(엑시드 울FL《합태》/흰색)

④팔을
달아준다

③입과 수염을
수놓는다

3.5cm

약
35cm

약
24cm

1.7cm

팔 끝을 본체 밑에서 가지런히 맞춘다

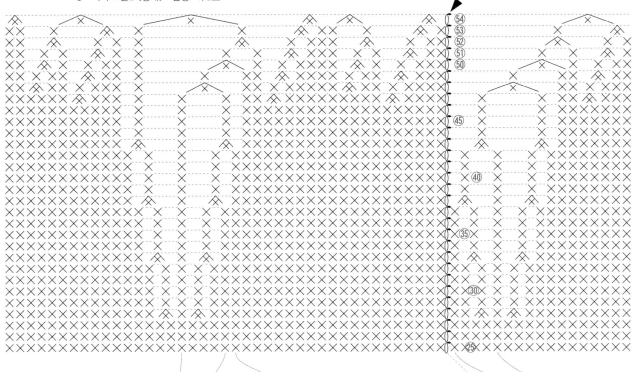

본체 콧수표

단수	콧수	증감 콧수
54	7	−7
53	14	
52	18	
51	22	
50	26	−4
49	30	
48	34	
47	38	
44~46	42	
43	42	−4
39~42	46	
38	46	−4
34~37	50	
33	50	−4
29~32	54	
28	54	−4
24~27	58	
23	58	−4
5~22	62	
4	62	+8
3	54	
2	46	+4
1	42	

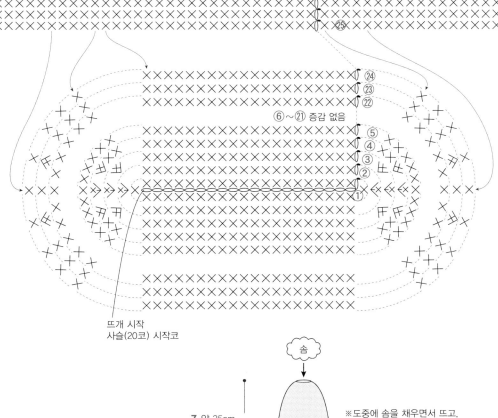

⑥~㉑ 증감 없음

뜨개 시작
사슬(20코) 시작코

솜

7 약 35cm
8 약 24cm

7 약 20cm
8 약 15cm

※도중에 솜을 채우면서 뜨고,
마지막 단의 남은 7코에
실 끝을 통과시켜 당겨준다

9·10 photo···p.16,17 point lesson···p.7

[준비할 것]

9: 하마나카 소노모노 알파카
울／연그레이(44)···75g, 연그레
이 계열 믹스(48)···55g, 그레이
(45)···40g, 엑시드 울L《병태》
／검정(330)···조금, 솜···적당량
10: 하마나카 소노모노 알파카
울／담갈색(41)···75g, 담갈색
계열 믹스(46)···55g, 베이지
(42)···40g, 엑시드 울L《병태》
／검정(330)···조금, 솜···적당량

바늘 모사용 코바늘 10/0호

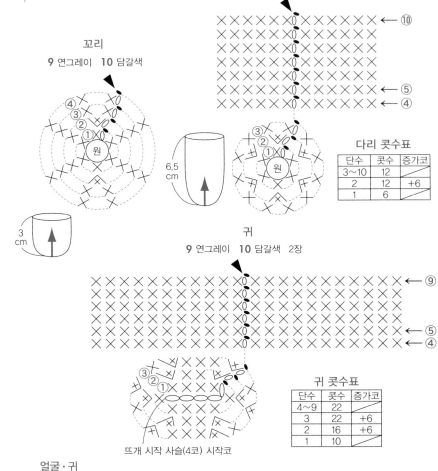

다리
9 그레이 10 베이지 4장

꼬리
9 연그레이 10 담갈색

6.5 cm

3 cm

다리 콧수표

단수	콧수	증가코
3~10	12	
2	12	+6
1	6	

귀
9 연그레이 10 담갈색 2장

뜨개 시작 사슬(4코) 시작코

귀 콧수표

단수	콧수	증가코
4~9	22	
3	22	+6
2	16	+6
1	10	

마무리 방법

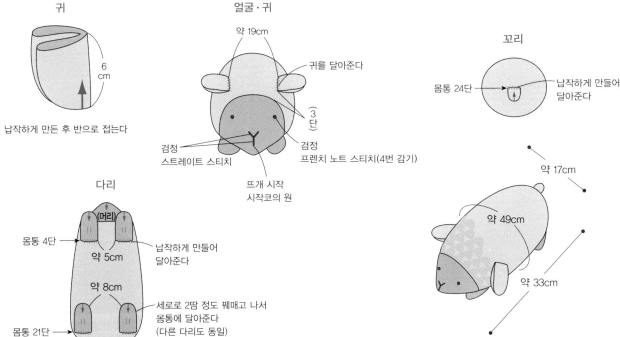

귀

6 cm

납작하게 만든 후 반으로 접는다

얼굴·귀

약 19cm

귀를 달아준다

3단

검정
스트레이트 스티치

검정
프렌치 노트 스티치(4번 감기)

뜨개 시작
시작코의 원

꼬리

몸통 24단

납작하게 만들어
달아준다

다리

[머리]

몸통 4단

약 5cm

납작하게 만들어
달아준다

약 8cm

몸통 21단

세로로 2땀 정도 꿰매고 나서
몸통에 달아준다
(다른 다리도 동일)

약 17cm

약 49cm

약 33cm

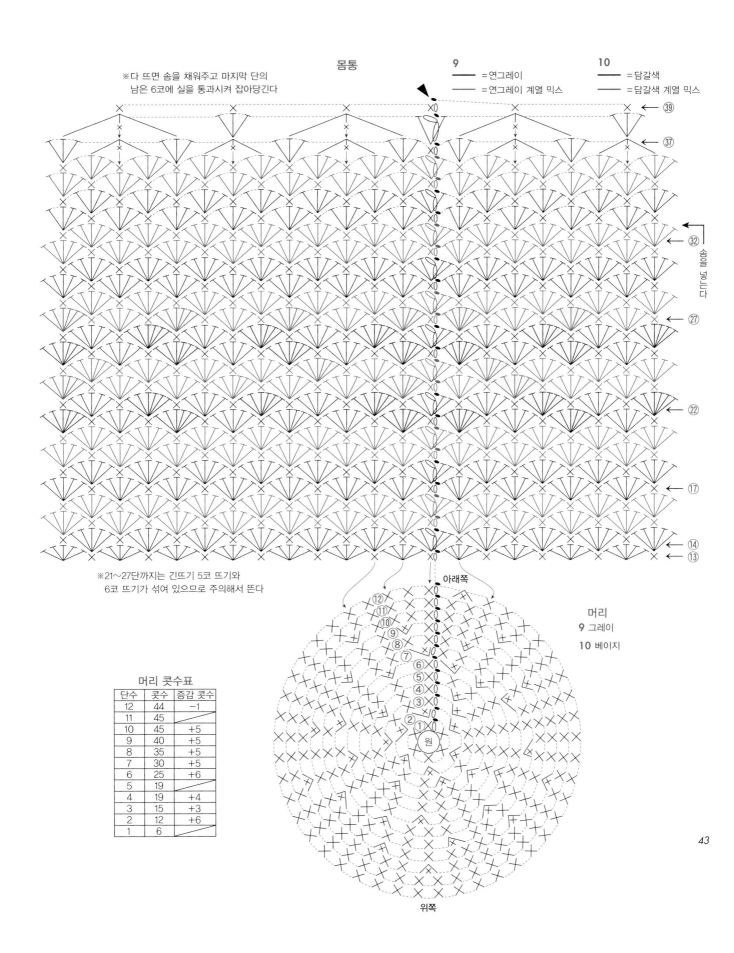

※다 뜨면 솜을 채워주고 마지막 단의
 남은 6코에 실을 통과시켜 잡아당긴다

몸통

9　── =연그레이
　　── =연그레이 계열 믹스

10　── =담갈색
　　── =담갈색 계열 믹스

← ㊴

← ㊲

← ㉜

솜을 넣는다

← ㉗

← ㉒

← ⑰

← ⑭
← ⑬

※21~27단까지는 긴뜨기 5코 뜨기와
 6코 뜨기가 섞여 있으므로 주의해서 뜬다

아래쪽

머리
9 그레이
10 베이지

⑫
⑪
⑩
⑨
⑧
⑦
⑥
⑤
④
③
②
①
원

머리 콧수표

단수	콧수	증감 콧수
12	44	−1
11	45	
10	45	+5
9	40	+5
8	35	+5
7	30	+5
6	25	+6
5	19	
4	19	+4
3	15	+3
2	12	+6
1	6	

위쪽

43

11·12 photo…p.18,19

[준비할 것]

11: 파피　브리티시 에로이카／
베이지(200)…100g, 갈색(208)
…90g, 담갈색(134)…30g, 솜…
적당량, 진주 비즈(검정·12mm)
…2개

12: 파피　브리티시 에로이카／
그레이(173)…100g, 남색(101)…
90g, 담갈색(134)…30g, 솜…적
당량, 진주 비즈(검정·12mm)…
2개

바늘 모사용 코바늘 10/0호

귀

11 갈색　**12** 남색　2장

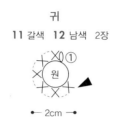

←— 2cm —→

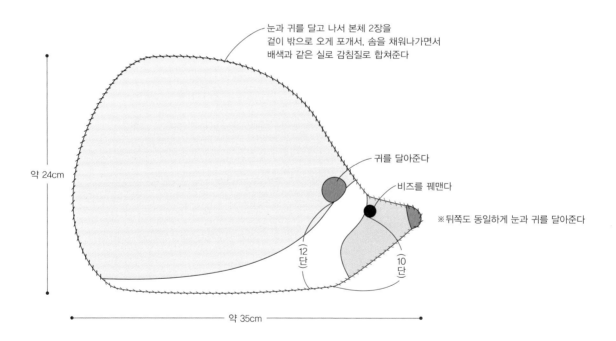

눈과 귀를 달고 나서 본체 2장을
겉이 밖으로 오게 포개서, 솜을 채워나가면서
배색과 같은 실로 감침질로 합쳐준다

귀를 달아준다

비즈를 꿰맨다

※뒤쪽도 동일하게 눈과 귀를 달아준다

약 24cm

12
단

10
단

약 35cm

배색표

	11	12
등	갈색·베이지	남색·그레이
배	담갈색	담갈색
머리	베이지	그레이
코끝	갈색	남색

본체　2장

※전부 2줄로 뜬다

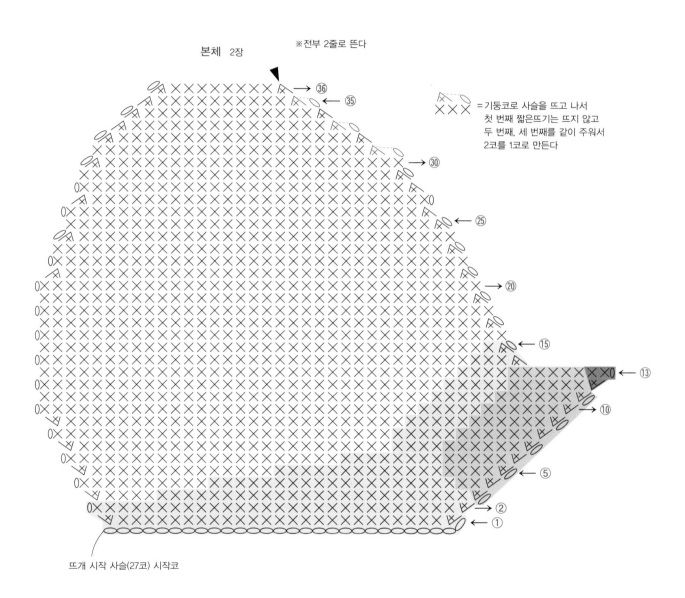

→ ㊱
← ㉟

→ ㉚

← ㉕

→ ⑳

← ⑮

← ⑬
← ⑩

← ⑤

→ ②
← ①

＝기둥코로 사슬을 뜨고 나서
첫 번째 짧은뜨기는 뜨지 않고
두 번째, 세 번째를 같이 주워서
2코를 1코로 만든다

뜨개 시작 사슬(27코) 시작코

13·14 photo···p.20,21

[준비할 것]

13: 파피 브리티시 에로이카／
그레이(120)···66g, 감색(102)···
47g, 블루 그레이(178)···33g, 흰
색(125)···9g, 검정(122)···조금,
솜···적당량

14: 파피 유리카 모헤어／그레
이(312)···72g, 모나르카／진그
레이(909)···47g, 흰색(901)···9g,
브리티시 에로이카／검정(122)
···조금, 솜···적당량

바늘
13: 모사용 코바늘 8/0호
14: 모사용 코바늘 10/0호

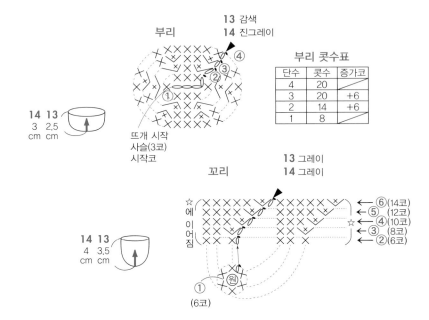

부리

13 감색
14 진그레이

14 13
3 2.5
cm cm

뜨개 시작
사슬(3코)
시작코

부리 콧수표

단수	콧수	증가코
4	20	
3	20	+6
2	14	+6
1	8	

꼬리

13 그레이
14 그레이

14 13
4 3.5
cm cm

에이어짐

←⑥(14코)
←⑤(12코)
☆←④(10코)
←③(8코)
←②(6코)

①
원
(6코)

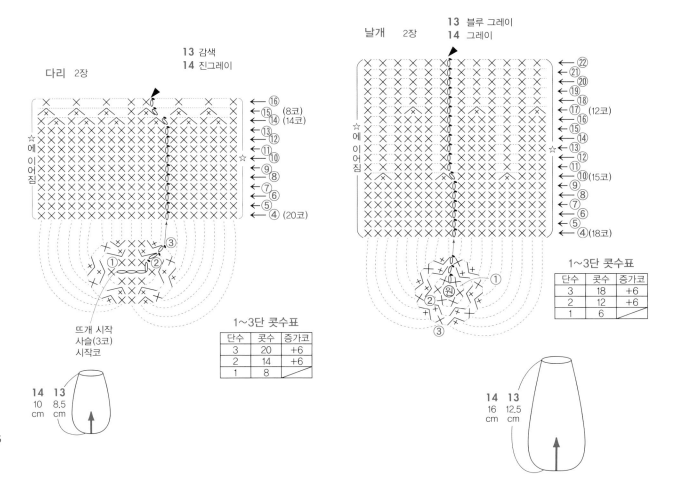

다리 2장

13 감색
14 진그레이

에이어짐

←⑯
←⑮ (8코)
⑭(14코)
←⑬
←⑫
←⑪
⑩
←⑨ ⑧
←⑦
⑥
←⑤
←④ (20코)

①②③

뜨개 시작
사슬(3코)
시작코

14 13
10 8.5
cm cm

1~3단 콧수표

단수	콧수	증가코
3	20	+6
2	14	+6
1	8	

날개 2장

13 블루 그레이
14 그레이

에이어짐

←㉒
←㉑
←⑳
←⑲
←⑱
←⑰ (12코)
←⑯
⑮
←⑭
←⑬
⑫
←⑪
⑩(15코)
←⑨
⑧
←⑦
⑥
←⑤
←④(18코)

①
②
③
원

14 13
16 12.5
cm cm

1~3단 콧수표

단수	콧수	증가코
3	18	+6
2	12	+6
1	6	

본체

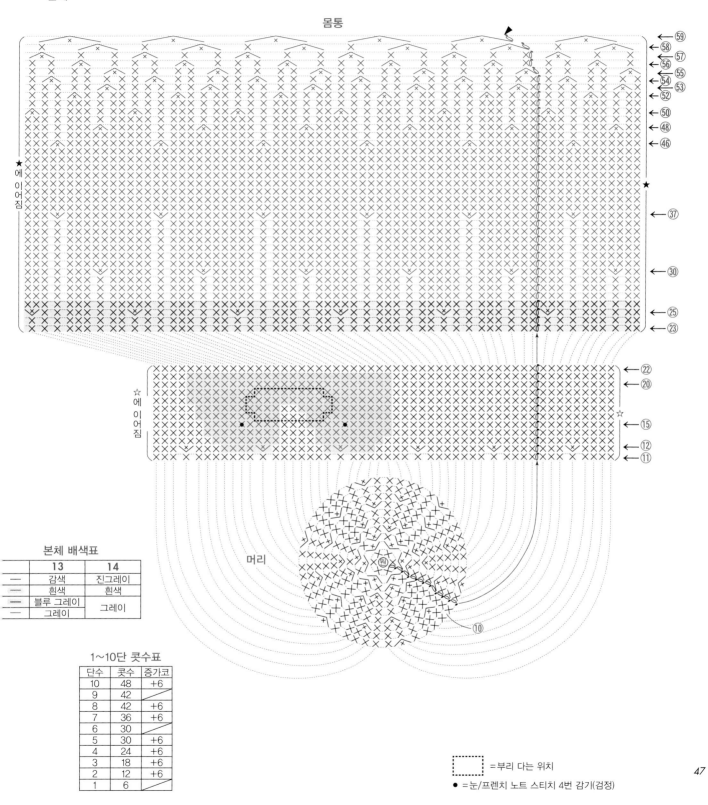

몸통

머리

본체 배색표

	13	14
─	감색	진그레이
─	흰색	흰색
─	블루 그레이	그레이
─	그레이	

1~10단 콧수표

단수	콧수	증가코
10	48	+6
9	42	
8	42	+6
7	36	+6
6	30	
5	30	+6
4	24	+6
3	18	+6
2	12	+6
1	6	

▭ =부리 다는 위치

● =눈/프렌치 노트 스티치 4번 감기(검정)

47

마무리 방법

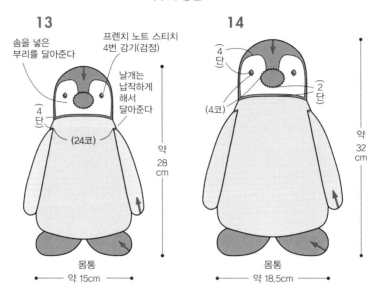

13

솜을 넣은
부리를 달아준다

프렌치 노트 스티치
4번 감기(검정)

날개는
납작하게
해서
달아준다

④
단

(24코)

약
28
cm

몸통
← 약 15cm →

14

④
단

②
단

(4코)

약
32
cm

몸통
← 약 18.5cm →

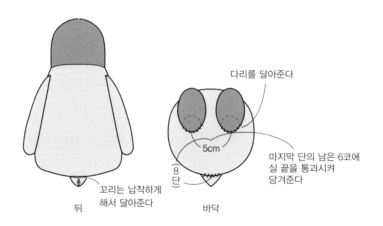

꼬리는 납작하게
해서 달아준다

뒤

다리를 달아준다

5cm

마지막 단의 남은 6코에
실 끝을 통과시켜
당겨준다

⑧
단

바닥

15·16 photo···p.22,23

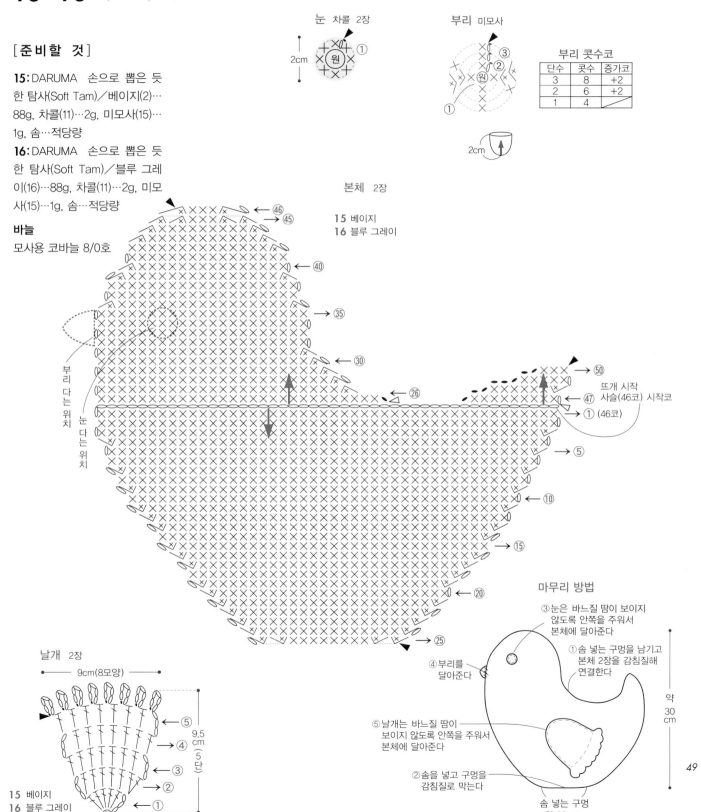

[준비할 것]

15: DARUMA 손으로 뽑은 듯한 탐사(Soft Tam)／베이지(2)···88g, 차콜(11)···2g, 미모사(15)···1g, 솜···적당량

16: DARUMA 손으로 뽑은 듯한 탐사(Soft Tam)／블루 그레이(16)···88g, 차콜(11)···2g, 미모사(15)···1g, 솜···적당량

바늘
모사용 코바늘 8/0호

눈 차콜 2장

2cm

부리 미모사

부리 콧수코

단수	콧수	증가코
3	8	+2
2	6	+2
1	4	

2cm

본체 2장

15 베이지
16 블루 그레이

← 46
← 45
← 40
→ 35
→ 30
← 26
→ 50
뜨개 시작
사슬(46코) 시작코
← 47
① (46코)
→ 5
← 10
→ 15
← 20
→ 25

부리 다는 위치
눈 다는 위치

날개 2장

9cm(8모양)

← 5
→ 4
→ 3
→ 2
← 1

9.5cm (5단)

15 베이지
16 블루 그레이

마무리 방법

③ 눈은 바느질 땀이 보이지 않도록 안쪽을 주워서 본체에 달아준다

① 솜 넣는 구멍을 남기고 본체 2장을 감침질해 연결한다

④ 부리를 달아준다

⑤ 날개는 바느질 땀이 보이지 않도록 안쪽을 주워서 본체에 달아준다

② 솜을 넣고 구멍을 감침질로 막는다

솜 넣는 구멍

약 33cm

약 30cm

49

[준비할 것]

17: DARUMA　천연 양모에 가까운 메리노 울／딥 블루(7)…60g, 담갈색(1)…26g, 다크 그레이(10)…12g, 솜…적당량

바늘　모사용 코바늘 5/0호

마무리 방법

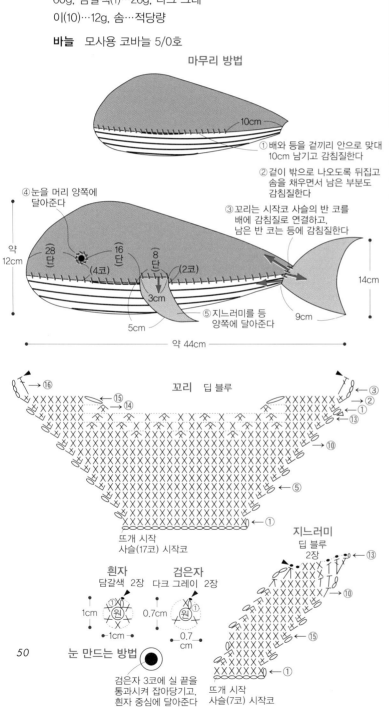

10cm

① 배와 등을 겉끼리 안으로 맞대 10cm 남기고 감침질한다

② 겉이 밖으로 나오도록 뒤집고 솜을 채우면서 남은 부분도 감침질한다

③ 꼬리는 시작코 사슬의 반 코를 배에 감침질로 연결하고, 남은 반 코는 등에 감침질한다

④ 눈을 머리 양쪽에 달아준다

약 12cm

28단

16단

8단

(4코)

(2코)

3cm

5cm

14cm

9cm

⑤ 지느러미를 등 양쪽에 달아준다

약 44cm

꼬리　딥 블루

뜨개 시작 사슬(17코) 시작코

지느러미

딥 블루 2장

흰자
담갈색 2장

검은자
다크 그레이 2장

1cm

원

1cm

0.7cm

원

0.7cm

눈 만드는 방법

검은자 3코에 실 끝을 통과시켜 잡아당기고, 흰자 중심에 달아준다

뜨개 시작 사슬(7코) 시작코

50

본체 배
(짧은뜨기 배색 무늬)

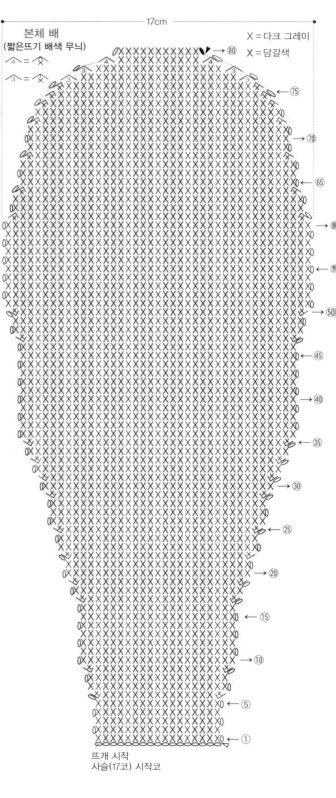

17cm

X = 다크 그레이

X = 담갈색

뜨개 시작 사슬(17코) 시작코

본체 등

딥 블루

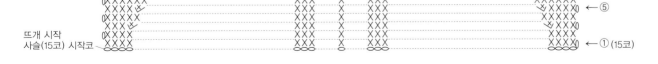

←⑩⑦
←⑩⑥
→⑩⓪ (23코)
←⑨⑤
→⑨⓪ (48코)
←⑧⑤
→⑧⓪ (62코)
→⑦⓪ (65코)
←⑥⑤
→⑥⓪ (57코)
←⑤⑤
→⑤⓪ (51코)
←④⑤
→④⓪ (43코)
←③⑤
→③⓪ (39코)
←②⑤
→②⓪ (31코)
←①⑤
→①⓪ (23코)
←⑤
←① (15코)

뜨개 시작
사슬(15코) 시작코

51

18·19·20 photo…p.26,27

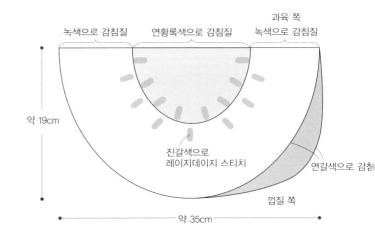

18 마무리 방법

녹색으로 감침질　연황록색으로 감침질　과육 쪽 녹색으로 감침질

약 19cm

진갈색으로 레이지데이지 스티치

연갈색으로 감침

껍질 쪽

약 35cm

[준비할 것]

18: 하마나카 엑시드 울L《병태》／녹색(345)…65g, 연갈색(333)…45g, 연황록색(337)…23g, 진갈색(352)…1g, 솜…적당량

19: 하마나카 엑시드 울L《병태》／빨강(335)…70g, 진녹색(320)…45g, 오프화이트(301)…3g, 녹색(345)·진갈색(352)…각 1g, 솜…적당량

20: 하마나카 아메리／레몬 옐로(25)·콘 옐로(31)·각 45g, 내추럴 화이트(20)…12g, 솜…적당량

바늘 모사용 코바늘 6/0호

배색표

	옆면	바닥	옆면 가장자리뜨기(껍질 쪽)
18	1~6단 연황록색 7~14단 녹색	연갈색	녹색
19	빨강	진녹색	오프화이트 1단 진녹색 2단
20	1~12단 레몬 옐로 13단 내추럴 화이트	콘 옐로	콘 옐로 3단

18 옆면 콧수표

단수	콧수	증가코
14	104	+7
13	97	+7
12	90	+7
11	83	+7
10	76	+7
9	69	+7
8	62	+7
7	55	+7
6	48	+7
5	41	+7
4	34	+7
3	27	+7
2	20	+7
1	13	

18 옆면 2장

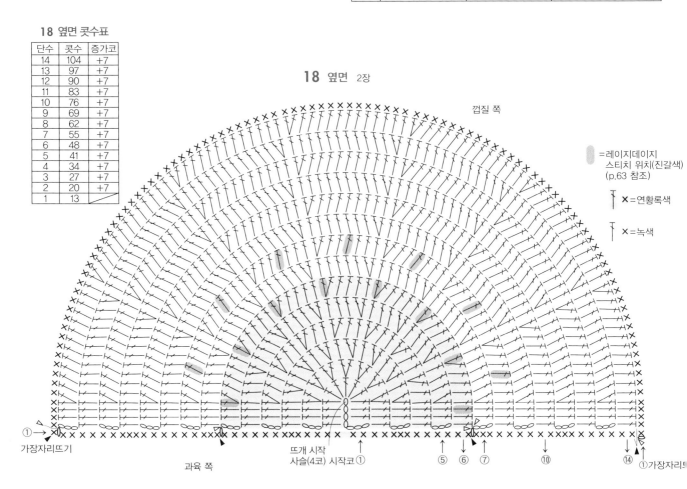

껍질 쪽

=레이지데이지 스티치 위치(진갈색) (p.63 참조)

✕=연황록색

✕=녹색

가장자리뜨기

과육 쪽

뜨개 시작 사슬(4코) 시작코 ①

⑤　⑥　⑦　　⑩　　⑭

①가장자리

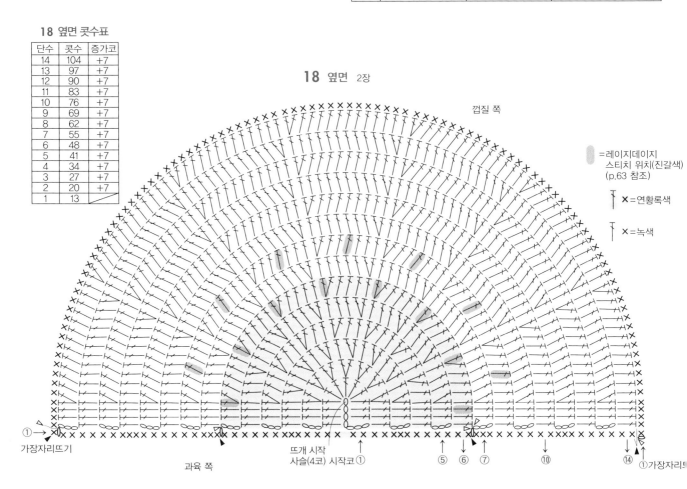

52

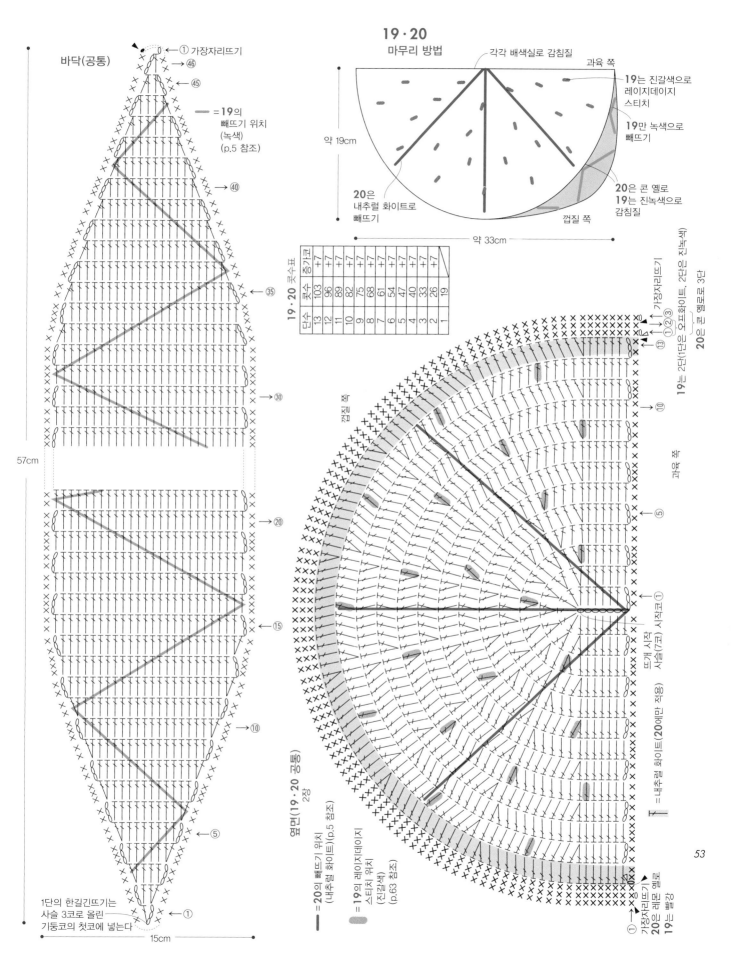

19 · 20 목수표

단수	콧수	증가코
13	103	+7
12	96	+7
11	89	+7
10	82	+7
9	75	+7
8	68	+7
7	61	+7
6	54	+7
5	47	+7
4	40	+7
3	33	+7
2	26	+7
1	19	

53

21·22·23 photo…p.28,29

[준비할 것]

21: 파피 모리스／핑크 계열
(649)…247g, 퀸 애니／흰색
(802)…25g, 솜…적당량

22: 파피 퀸 애니／베이지(955)
…61g, 심녹색(971)…59g, 황록
색(935)…17g, 흰색(802)·연노
랑(892)…각 3g, 솜…적당량

23: 파피 브리티시 에로이카／
갈색(208)·갈색 계열 믹스(192)
…각 102g, 퀸 애니／황록색
(935)…3.5g, 연노랑(892)…3g,
베이지(955)…2.5g, 솜…적당량

바늘
21: 모사용 코바늘 8/0·10/0호
22: 모사용 코바늘 6/0호
23: 모사용 코바늘 8/0호

※ ①사슬 50코로 시작코를 만들어 안쪽을 뜬다
　②①의 시작코에서 50코를 주워서 겉쪽을 뜬다
　③계속해서 겉쪽을 보면서 안쪽과 마지막 단끼리 빼뜨기로 연결한다.
　　뜨는 도중에 솜을 채운다

본체

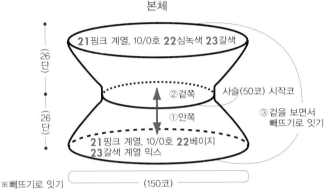

본체

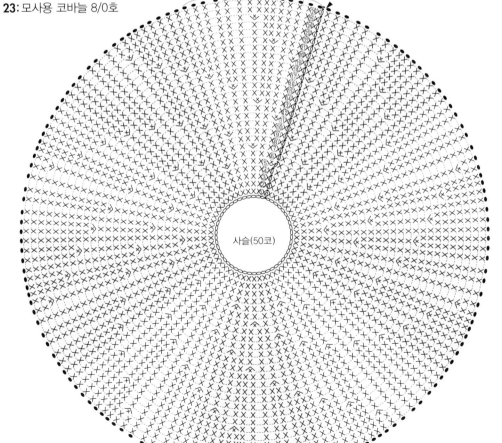

(15코)를 10번 반복한다

※빼뜨기로 잇기

사슬(50코)

본체 콧수표

단수	콧수	증가코
25~26	150	
24	150	+10
22~23	140	
21	140	+10
20	130	
19	130	+10
18	120	
17	120	+10
16	110	
15	110	+10
14	100	
13	100	+10
12	90	
11	90	+10
10	80	
9	80	+10
8	70	
7	70	+10
6	60	
5	60	+10
1~4	50	

21·23 장식
퀸 애니 8/0호

다 뜨고 나서 실 끝을
15cm 남기고 자른다

2cm

	연노랑	
23	황록색	각 5개
	베이지	
21	흰색 10개	

54

23 마무리 방법

① 빼뜨기를 한 후 겉쪽을 앞에 두고 갈색으로 가장자리뜨기를 한다
② 도안을 참조해서 갈색 계열 믹스 실 2줄로 빼뜨기(8/0호)를 한다
   (p.5 참조)
③ 배치 도안을 참조해서 장식을 달아준다

가장자리뜨기 갈색

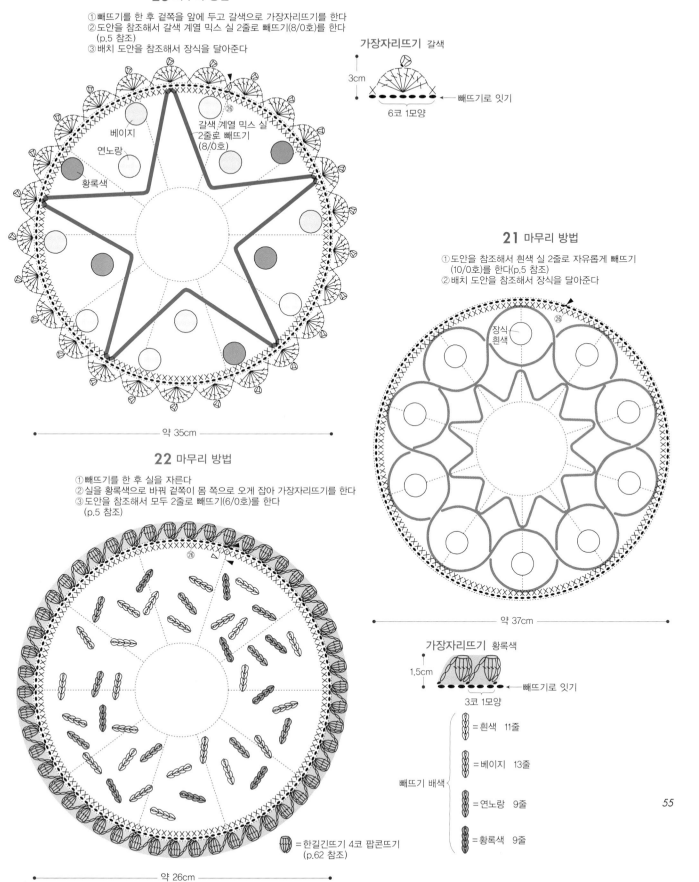

3cm

← 빼뜨기로 잇기

6코 1모양

베이지

연노랑

갈색 계열 믹스 실
2줄로 빼뜨기
(8/0호)

황록색

약 35cm

21 마무리 방법

① 도안을 참조해서 흰색 실 2줄로 자유롭게 빼뜨기
   (10/0호)를 한다(p.5 참조)
② 배치 도안을 참조해서 장식을 달아준다

장식
흰색

약 37cm

22 마무리 방법

① 빼뜨기를 한 후 실을 자른다
② 실을 황록색으로 바꿔 겉쪽이 몸 쪽으로 오게 잡아 가장자리뜨기를 한다
③ 도안을 참조해서 모두 2줄로 빼뜨기(6/0호)를 한다
   (p.5 참조)

가장자리뜨기 황록색

1.5cm

← 빼뜨기로 잇기

3코 1모양

= 흰색   11줄

= 베이지   13줄

빼뜨기 배색

= 연노랑   9줄

= 황록색   9줄

= 한길긴뜨기 4코 팝콘뜨기
  (p.62 참조)

약 26cm

55

24·25

photo···p.30 point lesson···p.6,7

24 B

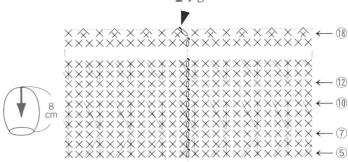

[준비할 것]

24: 하마나카 아메리／그린(14)
···49g, 스프링 그린(33)···10g,
플럼 레드(32)···4g, 솜···적당량
25: 하마나카 아메리／그래스
그린(13)···64g, 포레스트 그린
(34)···8g, 솜···적당량

바늘 모사용 코바늘 5/0호

※**24**의 본체는 p.33 참조

24 B 콧수표

단수	콧수	증감 콧수
18	16	−8
5~17	24	
4	24	+8
3	16	
2	16	+8
1	8	

24 A

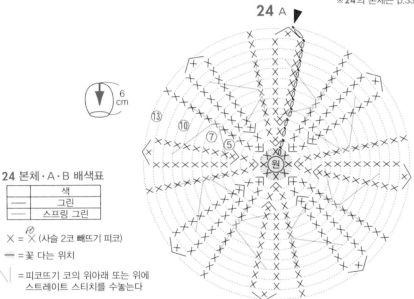

24 A 콧수표

단수	콧수	증감 콧수
13	16	−8
5~12	24	
4	24	+8
3	16	
2	16	+8
1	8	

24 본체·A·B 배색표

	색
──	그린
──	스프링 그린

X = ✗ (사슬 2코 빼뜨기 피코)

── = 꽃 다는 위치

╲╲ = 피코뜨기 코의 위아래 또는 위에
스트레이트 스티치를 수놓는다

24 꽃 2장

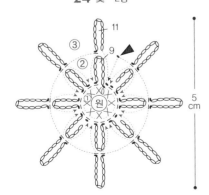

24 꽃 배색표

	색
──	플럼 레드
──	스프링 그린

※2단은 '1단의 앞쪽 반 코에 빼뜨기해
사슬 9코를 뜬 뒤, 다시 1단의 같은 반 코에
빼뜨기한다'를 반복한다.
3단은 '1단의 뒤쪽 반 코에 빼뜨기해
사슬 11코를 뜬 뒤, 다시 1단의 같은 반 코에
빼뜨기한다'를 반복한다(p.6 참조)

마무리 방법

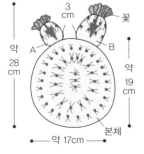

①본체·A·B 도안의 지정 위치에 스트레이트 스티치를 한다
(스프링 그린)
②본체에 솜을 채우고 마지막 단끼리 전체 코를
감침질한다
③A·B 지정 위치에 꽃을 단다
④A·B에 솜을 채우고, 본체에 단다

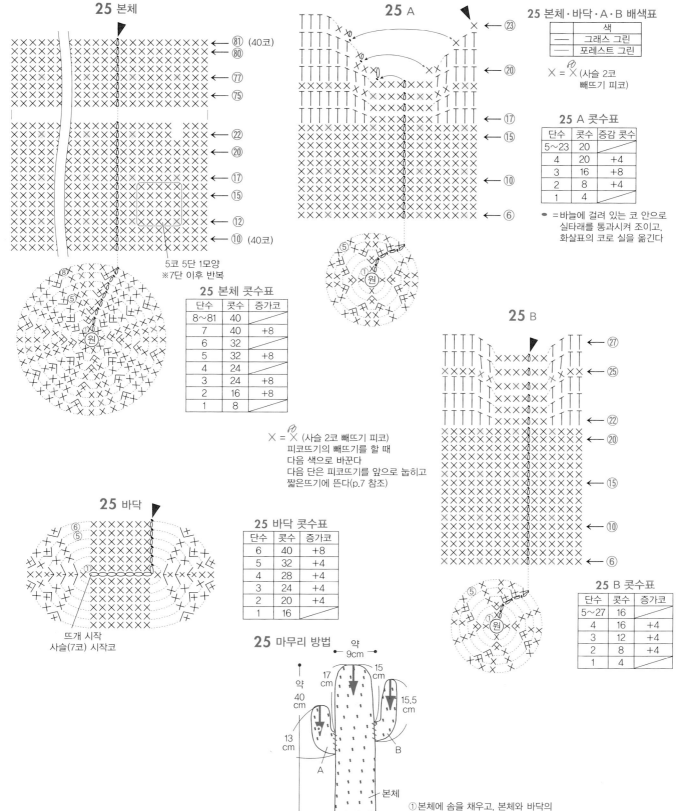

25 본체

← ⑧ (40코)
← ⑧
← ⑦⑦
← ⑦⑤
← ㉒
← ⑳
← ⑰
← ⑮
← ⑫
← ⑩ (40코)

5코 5단 1모양
※7단 이후 반복

25 A

← ㉓
← ⑳
← ⑰
← ⑮
← ⑩
← ⑥

25 본체·바닥·A·B 배색표

	색
—	그래스 그린
—	포레스트 그린

X = X (사슬 2코 빼뜨기 피코)

25 A 콧수표

단수	콧수	증감 콧수
5~23	20	
4	20	+4
3	16	+8
2	8	+4
1	4	

● =바늘에 걸려 있는 코 안으로
실타래를 통과시켜 조이고,
화살표의 코로 실을 옮긴다

25 본체 콧수표

단수	콧수	증가코
8~81	40	
7	40	+8
6	32	
5	32	+8
4	24	
3	24	+8
2	16	+8
1	8	

X = X (사슬 2코 빼뜨기 피코)
피코뜨기의 빼뜨기를 할 때
다음 색으로 바꾼다
다음 단은 피코뜨기를 앞으로 눕히고
짧은뜨기에 뜬다(p.7 참조)

25 B

← ㉗
← ㉕
← ㉒
← ⑳
← ⑮
← ⑩
← ⑥

25 B 콧수표

단수	콧수	증가코
5~27	16	
4	16	+4
3	12	+4
2	8	+4
1	4	

25 바닥

뜨개 시작
사슬(7코) 시작코

25 바닥 콧수표

단수	콧수	증가코
6	40	+8
5	32	+4
4	28	+4
3	24	+4
2	20	+4
1	16	

25 마무리 방법

약 9cm
약 40cm
17cm
15cm
15.5cm
13cm
약 20cm
A
B
본체
바닥

①본체에 솜을 채우고, 본체와 바닥의
겉쪽끼리 바깥으로 오게 잡아 감침질한다
②A·B에 솜을 채우고, 본체에
달아준다

26·27·28 photo…p.31

[준비할 것]

26: 하마나카 아메리L《극태》/ 흰색(101)…61g, 검정(110)…23g, 솜…적당량

27: 하마나카 아메리L《극태》/ 검정(110)…77g, 흰색(101)…22g, 솜…적당량

28: 하마나카 아메리L《극태》/ 핑크(105)…53g, 흰색(101)…48g, 솜…적당량

바늘 모사용 코바늘 8/0호

마무리 방법

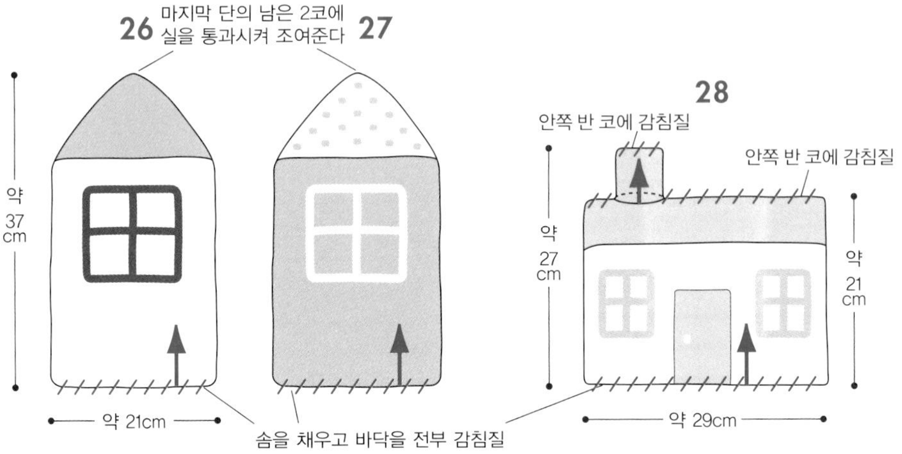

26
마지막 단의 남은 2코에 실을 통과시켜 조여준다
27
약 37 cm
약 21cm
28
안쪽 반 코에 감침질
안쪽 반 코에 감침질
약 27 cm
약 21 cm
약 29cm
솜을 채우고 바닥을 전부 감침질

26 (이랑 짧은뜨기의 배색 무늬)

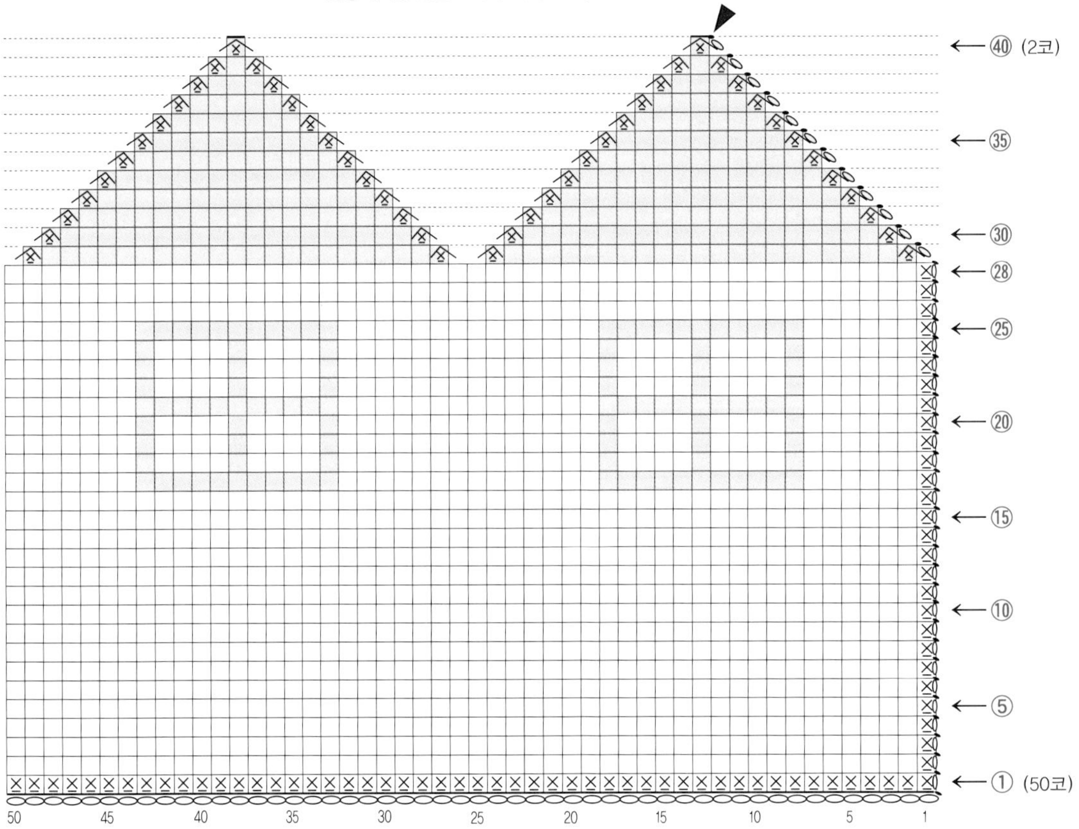

40 (2코)
35
30
28
25
20
15
10
5
1 (50코)
50
45
40
35
30
25
20
15
10
5
1

□ = 흰색
□ = 검정
× 옆면(이랑 짧은뜨기) 기호 생략

27 (이랑 짧은뜨기의 배색 무늬)

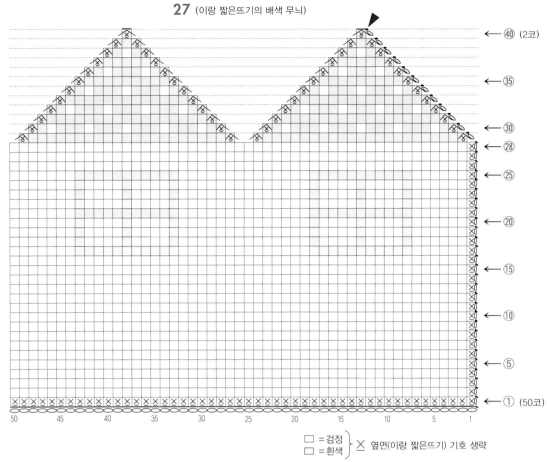

← ㊵ (2코)

← ㉟

← ㉚

← ㉘

← ㉕

← ⑳

← ⑮

← ⑩

← ⑤

← ① (50코)

50　45　40　35　30　25　20　15　10　5　1

□ =검정
□ =흰색 } ✕ 옆면(이랑 짧은뜨기) 기호 생략

28 (이랑 짧은뜨기의 배색 무늬)

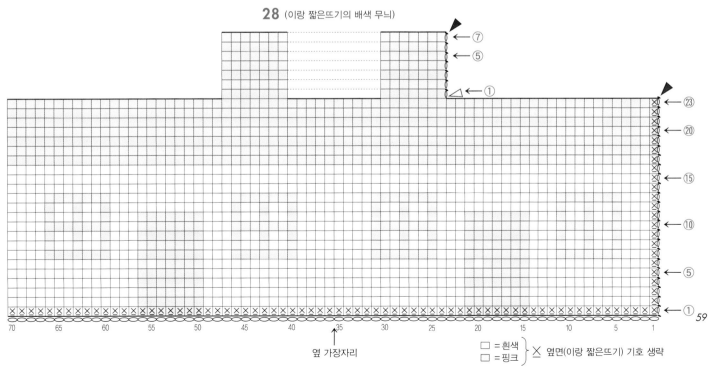

← ⑦

← ⑤

← ①

← ㉓

← ⑳

← ⑮

← ⑩

← ⑤

← ①

70　65　60　55　50　45　40　35　30　25　20　15　10　5　1

옆 가장자리

□ =흰색
□ =핑크 } ✕ 옆면(이랑 짧은뜨기) 기호 생략

59

코바늘뜨기 기초

[기호 도안 보는 법]

기호 도안은 모두 겉쪽에서 본 표시다. 코바늘뜨기는 겉뜨기와 안뜨기의 구별이 없고(기둥코 이외), 겉쪽과 안쪽을 교대로 보면서 떠가며 평면뜨기에서도 기호 표시는 동일하다.

중심에서 원형으로 뜰 때

중심에서 원(또는 사슬코)을 만들고, 1단씩 원을 그리듯이 뜬다. 각 단을 시작할 때 기둥코를 올려서 떠나간다. 기본적으로 편물의 겉쪽을 보고, 기호 도안을 오른쪽에서 왼쪽으로 떠나간다.

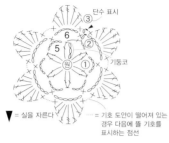

단수 표시
기둥코
= 실을 자른다
= 기호 도안이 떨어져 있는 경우 다음에 뜰 기호를 표시하는 점선

평면뜨기할 때

좌우에 기둥코가 오는 것이 특징. 오른쪽에 기둥코가 있을 때는 편물의 겉쪽을 보고, 기호 도안을 오른쪽에서 왼쪽으로 떠나간다. 왼쪽에 기둥코가 있을 때는 안쪽을 보고 기호 도안을 왼쪽에서 오른쪽으로 떠나가는 것이 기본이다. 그림은 3단에서 배색 실로 바꾼 기호 도안이다.

▼ = 실을 자른다 ▽ = 실을 연결한다
사슬(19코) 시작코

사슬코 보는 법

사슬코에는 겉과 안이 있다. 안쪽 중앙에 1줄 나와 있는 것을 '사슬코산'이라고 한다.

겉
안
사슬코산

[실과 바늘 잡는 법]

1 왼손 새끼손가락과 약지 사이로 실이 나오게 해서, 검지에 걸어 실 끝이 앞으로 오게 한다.

2 엄지와 중지로 실 끝을 잡고, 검지를 세워서 실을 팽팽하게 당긴다.

3 바늘은 엄지와 검지로 잡고, 바늘 끝에 중지를 가볍게 받쳐준다.

[시작매듭 만드는 법]

1 바늘을 실 뒤쪽에 대고 화살표처럼 바늘 끝을 회전한다.

2 다시 바늘 끝에 실을 건다.

3 원 안을 통과해 실을 앞으로 당겨 빼낸다.

4 실 끝을 당겨서 코를 조여 시작매듭을 완성한다(이 코는 1코로 세지 않는다).

[시작코]

중심에서 원형으로 뜰 때
(실 끝으로 원 만들기)

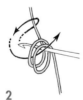

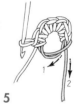
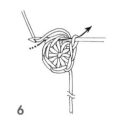

끌어당긴 코

1 왼손 검지에 실을 2번 감아 원을 만든다.

2 손가락에서 원을 빼서 잡고, 원 안으로 바늘을 넣어서 화살표처럼 실을 걸어서 앞으로 당겨 빼낸다.

3 바늘 끝에 걸어서 실을 빼내, 기둥코의 사슬 1코를 뜬다.

4 1단은 원 안에 바늘을 넣어 필요한 콧수만큼 짧은뜨기를 한다.

5 일단 바늘을 빼내서 앞서 만든 원의 실(1)과 실 끝을 당겨서 원을 조인다(2).

6 1단 마지막은 첫 짧은뜨기 머리에 바늘을 넣어 빼뜨기한다.

중심에서 원형으로 뜰 때
(사슬로 원 만들기)

1 필요한 콧수의 사슬을 뜨고, 첫 사슬의 반 코에 바늘을 넣어서 빼뜨기한다.

2 바늘 끝에 실을 걸어서 실을 꺼낸다. 이것이 기둥코의 사슬 1코가 된다.

3 1단은 원 안에 바늘을 넣어 사슬을 다발로 주워서 필요한 콧수만큼 짧은뜨기한다.

4 1단의 마지막은 첫 짧은뜨기 머리에 바늘을 넣은 후 실을 걸어서 빼낸다.

평면뜨기할 때

기둥코 사슬 1코

1 필요한 콧수의 사슬과 기둥코 사슬을 뜨고, 끝에서 두 번째 코의 사슬에 바늘을 넣어 실을 걸어서 빼낸다.

2 바늘 끝에 실을 걸어서 화살표와 같이 실을 빼낸다.

3 1단을 완성한 모습(기둥코의 사슬 1코는 콧수로 세지 않는다).

[아랫단의 코 줍는 법]

같은 구슬뜨기라도 기호 도안에 따라 코를 줍는 방법이 다르다.
기호 도안의 아래가 닫혀 있을 때는 아랫단의 1코에 넣어 뜨고, 열려 있을 때는 아랫단의 사슬뜨기를 다발로 주워서 뜬다.

1코에 넣어 뜬다

 **1** **2**

사슬뜨기를 다발로 주워 뜬다

 1   **2**

[코바늘 기호]

사슬뜨기

1
시작매듭을 만들고 '바늘 끝에 실을 건다'.

2
걸린 실을 빼내 사슬코 완성.

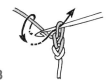

3
동일하게 **1**의 ' ' 과정과 **2**를 반복해서 뜬다.

4
사슬뜨기 5코 완성.

빼뜨기

1
아랫단 코에 바늘을 넣는다.

2
바늘 끝에 실을 건다.

3
실을 한 번에 빼낸다.

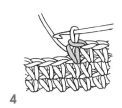

4
빼뜨기 1코 완성.

✕

짧은뜨기

1
아랫단 코에 바늘을 넣는다.

2
바늘 끝에 실을 걸어서 고리를 앞으로 빼낸다(빼낸 상태를 미완성 짧은뜨기라고 한다).

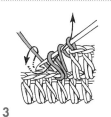

3
한 번 더 바늘 끝에 실을 걸어 2개 고리를 한 번에 빼낸다.

4
짧은뜨기 1코 완성.

긴뜨기

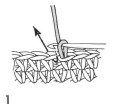

1
바늘 끝에 실을 걸어 아랫단의 코에 바늘을 넣는다.

2
바늘 끝에 실을 걸어서 앞으로 빼낸다(빼낸 상태를 미완성 긴뜨기라고 한다).

3
바늘 끝에 실을 걸어서 3개 고리를 한 번에 빼낸다.

4
긴뜨기 1코 완성.

한길긴뜨기

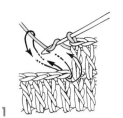

1
바늘 끝에 실을 걸어 아랫단의 코에 바늘을 넣은 후 다시 실을 걸어서 앞으로 빼낸다.

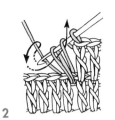

2
화살표처럼 바늘 끝에 실을 걸어서 2개 고리를 빼낸다(빼낸 상태를 미완성 한길긴뜨기라고 한다).

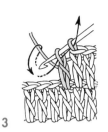

3
한 번 더 바늘 끝에 실을 걸어서 남은 2개 고리를 화살표와 같이 빼낸다.

4
한길긴뜨기 1코 완성.

한길긴뜨기 2코 풀어뜨기

※콧수가 2코 이외인 경우도 같은 요령으로 아랫단의 1코에 지정 콧수대로 풀어뜨기한다.

1
아랫단 코에 한길긴뜨기를 1코 뜨고, 바늘 끝에 실을 걸어서 같은 코에 화살표와 같이 바늘을 넣어서 실을 빼낸다.

2
바늘 끝에 실을 걸어서 2개 고리를 빼낸다.

3
한 번 더 바늘 끝에 실을 걸어 남은 2개 고리를 빼낸다.

4
아랫단의 1코에 한길긴뜨기 2코를 풀어뜨기한 모습. 아랫단보다 1코 늘어난 상태.

 짧은뜨기 2코 모아뜨기　 ...

 짧은뜨기 2코 모아뜨기　　 **짧은뜨기 3코 모아뜨기**

※( ) 안은 3코 모아 뜰 때의 숫자.

1
아랫단의 코에 화살표와 같이 바늘을 넣어 고리를 빼낸다.

2
다음 코도 동일하게 고리를 빼낸다(3코 모아뜨기는 다음 코도 반복한다).

3
바늘 끝에 실을 걸어 3(4)개 고리를 한 번에 빼낸다.

4
짧은뜨기 2코 모아뜨기 완성. 아랫단보다 1(2)코 감소한 상태.

 짧은뜨기 2코 풀어뜨기　　 **짧은뜨기 3코 풀어뜨기**

1
아랫단의 코에 짧은뜨기 1코를 뜬다.

2
같은 코에 바늘을 넣어서 짧은뜨기를 한다.

3
짧은뜨기 2코 풀어뜨기한 모습. 3코 풀어뜨기는 같은 코에 한 번 더 짧은뜨기를 한다.

4
아랫단의 1코에 짧은뜨기 3코 풀어뜨기한 모습. 아랫단보다 2코 늘어난 상태.

한길긴뜨기 5코 팝콘뜨기

※콧수가 5코 이외인 경우도 1에서 지정 콧수를 뜨고, 똑같은 요령으로 진행한다.

1
아랫단의 같은 코에 한길긴뜨기 5코 풀어뜨기를 하고, 일단 바늘을 빼서 화살표와 같이 첫째 한길긴뜨기의 머리와 남겨둔 고리에 바늘을 다시 넣는다.

2
고리를 그대로 끌어와 앞쪽으로 빼낸다.

3
여기서 사슬뜨기 1코를 뜨고, 코를 조인다.

4
한길긴뜨기 5코 팝콘뜨기 완성.

**사슬 3코
빼뜨기 피코**

※콧수가 3코 이외
인 경우도 **1**에서 지
정 콧수를 뜨고, 같
은 요령으로 빼뜨기
한다.

1

사슬 3코를 뜬다.

2

짧은뜨기 머리 반 코와 다리 1줄
에 바늘을 넣는다.

3

바늘 끝에 실을 걸어 화살표와 같
이 한 번에 뺀다.

4

사슬 3코 빼뜨기 피코 완성.

**이랑
짧은뜨기**

※짧은뜨기 이외의
기호도 **2**와 동일하
게 아랫단의 머리를
주워서 지정한 기호
를 뜬다.

1

모든 단을 겉쪽을 보면서 뜬다. 짧
은뜨기를 1단 뜨고, 첫째 코에 빼
뜨기한다.

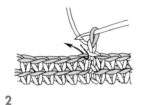

2

기둥코로 사슬 1코를 뜨고, 아랫단
의 머리 뒤쪽 반 코를 주워서 짧
은뜨기한다.

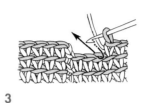

3

2번 요령으로 똑같이 반복해서 짧
은뜨기를 떠나간다.

4

아랫단의 앞쪽 반 코가 이랑처럼
남는다. 이랑 짧은뜨기로 3단을 뜬
모습.

[자수 기초]

스트레이트 스티치

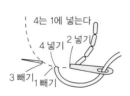

백 스티치

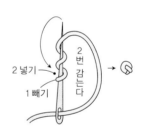

프렌치 노트 스티치

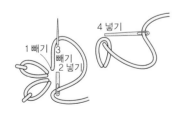

레이지데이지 스티치

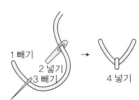

플라이 스티치

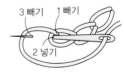

체인 스티치

작품 제작

- 이케가미 마이
- 오마치 마키
- 오카 마리코
- 가와이 마유미
- 가와지 유미코
- 고마쓰자키 노부코
- 세리자와 게이코

옮긴이 김은주

대학에서 인간 생활환경과 일본어를 공부하고, 취미로 시작한 손바느질과 코바늘뜨기의 매력에 푹 빠져 9년 동안 공방 카페를 운영했다. 현재도 손바느질·코바늘뜨기 전문가로 활동하며 소모임 뜨개 클래스를 열고 있다. 초보자부터 상급자까지 다양하게 코치를 받을 수 있다. 옮긴 책으로 《더 즐거운 코바늘 손뜨개 원더 크로셰》, 《매일 스타일 변신 손뜨개 인형》이 있다.

인스타그램: @atelier_dorandoran

귀엽고 사랑스러운 코바늘뜨기
애착 인형 & 쿠션 손뜨개

초판 1쇄 발행 2020년 12월 10일

지은이 애플민트
옮긴이 김은주
펴낸이 명혜정
펴낸곳 도서출판 이아소
디자인 레프트로드
교 열 정수완

등록번호 제311-2004-00014호
등록일자 2004년 4월 22일
주소 04002 서울시 마포구 월드컵북로5나길 18 1012호
전화 (02)337-0446 **팩스** (02)337-0402

책값은 뒤표지에 있습니다.
ISBN 979-11-87113-47-8 13590

도서출판 이아소는 독자 여러분의 의견을 소중하게 생각합니다.
E-mail: iasobook@gmail.com

이 도서의 국립중앙도서관 출판예정도서목록(CIP)은 서지정보유통지원시스템 홈페이지
(http://seoji.nl.go.kr)와 국가자료공동목록시스템(http://www.nl.go.kr/kolisnet)에서
이용하실 수 있습니다. (CIP제어번호 : CIP2020049047)